BEI GRIN MACHT SICH IHR WISSEN BEZAHLT

- Wir veröffentlichen Ihre Hausarbeit, Bachelor- und Masterarbeit

- Ihr eigenes eBook und Buch - weltweit in allen wichtigen Shops

- Verdienen Sie an jedem Verkauf

Jetzt bei www.GRIN.com hochladen und kostenlos publizieren

Benjamin Füger

Erneuerbare Energien: Windkraft in Deutschland

GRIN Verlag

Bibliografische Information der Deutschen Nationalbibliothek:

Die Deutsche Bibliothek verzeichnet diese Publikation in der Deutschen National-
bibliografie; detaillierte bibliografische Daten sind im Internet über http://dnb.d-
nb.de/ abrufbar.

Impressum:

Copyright © 2008 GRIN Verlag GmbH
Druck und Bindung: Books on Demand GmbH, Norderstedt Germany
ISBN: 978-3-656-07930-9

Universität Karlsruhe
Institut für Geographie und Geoökologie
Proseminar: Physische Geographie
Referent: Benjamin Füger

06.12.2006

Erneuerbare Energien
Windkraft in Deutschland

WENN DER WIND DES WANDELS WEHT,
BAUEN DIE EINEN MAUERN,
DIE ANDEREN WINDMÜHLEN.
-Chinesisches Sprichwort

INHALT

EINLEITUNG

Fossile Rohstoffe werden knapp.
CO2-Ausschüttung belastet unsere Natur und Umwelt.
Anzeichen eines globalen Klimawandels, der globalen Erderwärmung werden immer deutlicher.
Die Risiken der atomaren Energiegewinnung treten vermehrt ins Bewusstsein einer mehr und mehr aufgeklärten Gesellschaft. Der Atomausstieg wird gefordert.
Die Strompreise steigen.
Das Verlangen nach der Stromgewinnung aus den so genannten „erneuerbaren Energien" steigt stetig.
Doch, inwieweit haben die erneuerbaren Energien heute schon das Potential uns zu versorgen? Welche Möglichkeiten bieten sie uns?
Wie weit ist die Technik und die Forschung bereits fortgeschritten um uns Strom aus erneuerbaren Energien zugänglich zu machen? In welche Bereiche dringen sie vor?
Stellen die erneuerbaren Energien ein Risiko dar; für die Natur, für die Umwelt, für den Menschen?
Welche Vor- und Nachteile bringt der Einstieg in diese neue Branche mit sich?
Und, an welchem Punkt einer derartigen Entwicklung stehen wir bereits?
Die vorliegende Seminararbeit geht auf diese Fragestellungen ein. Wichtige Gesichtspunkte werden erläutert, Probleme und Hemmnisse kritisch betrachtet. Der Leser erhält einen Einblick in die momentane Situation und Stellung der erneuerbaren Energien am Beispiel der Windenergie in Deutschland.
Winde, sowie Windenergie-Anlagen werden beschrieben und erklärt.
Bereits bestrittene sowie zukünftig zu gehende Wege werden aufgezeigt
Die Arbeit zeigt Möglichkeiten, die genutzt werden können, aber auch Hemmnisse, die noch bestehen; Sowohl in der Energiegewinnung selbst, als auch für die Umwelt, die Natur und den Menschen.

ERNEUERBARE ENERGIEN

Zwei Milliarden Menschen sind heute ohne gesicherten Zugang zu Elektrizität. Gleichzeitig steigt der weltweite Energieverbrauch der Industrienationen. Er wird sich in den nächsten 30 Jahren noch einmal um 60% erhöhen. Fossile und atomare Vorkommen sind endlich. Die weltweiten Vorräte an Öl, Gas und Uran, welche heute über drei Viertel des Weltweiten Energiehaushalts decken, sind in einigen Jahrzehnten erschöpft, und auch die Kohlevorräte sind begrenzt.
Bei gleichzeitigem Anstieg des Energiebedarfs wird es in naher Zukunft zu einer Verknappung der Energieressourcen kommen.
Die Folgen sind heute schon in Form steigender Preise zu spüren.
Quelle: Internationale Energie Agentur, Stand 2001

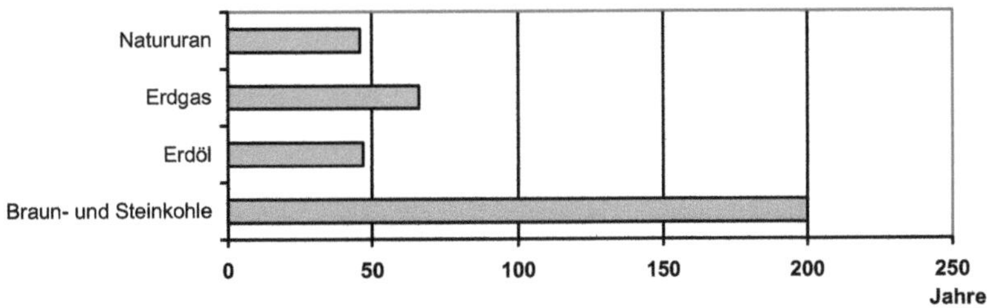

Reichweite der Fossilen Rohstoffe
Quelle: Bundesanstalt für Geowissenschaften und Rohstoffe

Studien belegen, dass eine Veränderung des Klimas auch in Deutschland drastische Folgen für Umwelt und Wirtschaft hat. Alleine der Sturm „Lothar" von 1999 verursachte Schäden in Höhe von 11 Milliarden Euro. Der Rekord Sommer von 2003 verursachte Kosten von 10-17 Milliarden Euro. Ein stetiger Anstieg dieser Kosten von rund 137 Milliarden Dollar jährlich bis 2050 ist zu erwarten.
Quellen: Die ökonomischen Kosten des Klimawandels, DIW Wochenbericht 42/04
Sofortiges Handeln spart hohe Kosten, DIW-Wochenbericht 12-13/2005, Berlin 2005,
Jahresrückblick Naturkatastrophen 2004, TOPICS geo, München 2005

Hinzu kommen die ungesicherte Entsorgung des Atommülls, sowie die Belastung durch die Verbrennung fossiler Energieträger.
Die erneuerbaren Energien dagegen sind unerschöpflich und bereits hier und heute verfügbar. Allein die Sonneneinstrahlung auf die Erde würde ausreichen, den Energiebedarf der Menschen über 10 000 Mal zu decken. Das weltweite Windpotenzial übersteigt den gesamten globalen Energiebedarf. Praktisch gesehen könnte bis zum Jahr 2050 mehr als die Hälfte des Energiebedarfs aus erneuerbaren Energien gedeckt werden.
Quelle: Studie zum Weltwindpotential, www.stanford.edu/group/efmh/winds

In Deutschland Versorgt die Windenergie mittlerweile 5,5% des Nettostromverbrauchs. Dieser Anteil könnte in den nächsten Jahrzehnten durch Ausbau von Windkraftanlagen zu Land und zu Wasser auf über 25% anwachsen.
Dennoch braucht eine grundlegende Umstellung der Energieversorgung Zeit. Engagierte Ausbauziele in überschaubaren Zeitintervallen helfen, die Energiewende einzuleiten.

Mit dem Ausbau der erneuerbaren Energien und dem beschlossenen Ausstieg aus der Atomenergie ist Deutschland im Kreis der Industrieländer Vorreiter einer nachhaltigen Energieversorgung. Länder mit stark wachsendem Energiebedarf wie China und Indien werden die hier gemachten Erfahrungen zu nutzen wissen. Der Einsatz erneuerbarer Energien leistet über den Klimaschutz hinaus einen wirkungsvollen Beitrag für den internationalen Frieden und die Verbesserung der Lebensqualität. Ihre Ziele sind darüber hinaus die Versorgungssicherheit bei knapper werdenden Ressourcen, langfristig die Technologien zu entwickeln, die das Potenzial der erneuerbaren Energien erschließen und eine kostengünstige Energieversorgung zu gewährleisten. Die Zukunftsenergien Sonne, Wind, Wasser, Biomasse und Erdwärme sind technisch leicht beherrschbar, jedem Staat zugänglich und erfordern, im Gegensatz zur Atomkraft, weder heute noch in Zukunft eine Missbrauchskontrolle.

WINDE UND IHRE RESSOURCEN

Windenergie-Anlagen funktionieren nach einem einfachen Prinzip. Die Bewegungsenergie des Windes wird von den Rotorblättern in eine Drehbewegung gewandelt und mittels Generator, ähnlich dem Dynamo-Prinzip, in elektrischen Strom umgeformt.

Globale Winde entstehen durch Druckunterschiede auf der Erdoberfläche durch ungleiche Erwärmung der Erdoberfläche, die wiederum durch ungleiche Sonneneinstrahlung entsteht. (Vereinfachtes Beispiel: Einstrahlung ist am Äquator größer als an den Polen). Warme Luft steigt am Äquator auf und sinkt an den Polen. Zusätzlich erhöhen jahreszeitliche Verteilungen der Sonnenenergie die Variation der Zirkulation. Unterschiedliche Temperaturverteilungen führen zu Druckunterschieden innerhalb der Atmosphäre. Bewegungen der Luft, die diese stetigen Temperatur- und Druckunterschiede ausgleichen wollen führen zu globalen Winden. Druckausgleich in vertikaler Form wird durch die Gravitationskraft geregelt. Winde wehen also vorwiegend horizontal und erzeugen somit einen dauernden Druckunterschied. Die Zirkulation der Atmosphäre wird zudem von der Rotation der Erde beeinflusst (circa 600 km/h am Äquator, abnehmend gegen 0 km/h an den Polen).
Die Erde variiert zwischen großen Land- und großen Wassermassen. Diese wirken sich verschieden auf den Luftfluss, Absorption der Sonneneinstrahlung und die Luftfeuchtigkeit aus. Die Luftbewegung ist oft an die Zirkulation der Ozeane gekoppelt.
Daraus resultieren unterschiedliche Druckgebiete, die zu globalen und regionalen Winden führen.
Außerdem entstehen durch lokale Erwärmung oder Abkühlung lokale Windvorkommen, die jahreszeitlich oder tageszeitlich auftreten können.
Man kann Winde also nach ihrer Regelmäßigkeit bestimmen:

- Über-jährlich: Winde, die immer (zumindest aber über Jahre hin gesehen) vorhanden sind
- Jährlich: Winde, die jahreszeiten-spezifisch auftreten
- Täglich: Winde, die tageszeitlich oder täglich variieren

Die Windgeschwindigkeit hängt stark von der lokalen Topografie und der Bodenbeschaffenheit ab. Viele Forscher betonen, dass der Einfluss der Umgebung auf den Energie-Output so groß ist, dass die Wirtschaftlichkeit des gesamten Projekts von einer sorgfältigen Wahl abhängt. Eine Grundeinteilung wäre hier die Unterscheidung zwischen flach (kleine Irregularitäten wie Wälder) und nicht-flach oder komplex (große Anstiege oder Gefälle. Hügel, Täler,...). Eingeteilt werden diese Unterscheidungen anhand von Höhenunterschieden innerhalb eines bestimmten Radius um die Windenergie-Anlage. Nicht-flache Gebiete, deren Einfluss auf die Windenergie-Anlage nur minimal ist (Wind bläst nur 5% der Zeit aus besagter Richtung, mit niedriger Durchschnittsgeschwindigkeit von 2m/s) werden als flach klassifiziert.

Für charakteristische Oberflächen wurde folgendes Verhältnis (als Exponent) bezüglich der Reibung ermittelt:

Offenes Meer	1
Küste	25
Flachland	150
Wald	5 000
Stadt	10 000

Quelle: www.boxer99.de/windkraft_aerodynamik.htm, entnommene Zahlenbeispiele

Veränderungen bezüglich der Windrichtung können genauso schnell variieren wie die Windgeschwindigkeit. Kurzzeitige Veränderungen sind durch die turbulente Natur des Windes zu begründen. Jahreszeitliche Änderungen liegen hier bei weniger als 30°.

Um weltweite und auch lokale Ressourcen realistisch abzuschätzen geht man von den Potentialen des Windes aus. Man unterscheidet hierbei:
- Meteorologisches Potential: Gesamt vorliegendes Windvorkommen
- Lage-Potential: Bezieht sich auf das meteorologische Potential. Betrachtet werden aber nur Gebiete die für die Energiegewinnung nutzbar sind.
- Technisches Potential: Errechnet sich durch das Potential der Lage bezogen auf die technisch möglichen Mittel.
- Ökonomisches Potential: Das technische Potential, das ökonomisch realisiert werden kann.
- Bereitstellungspotential: Berücksichtigt die Windenergie-Anlagen-Kapazität, die innerhalb eines bestimmten Zeitraums errichtet werden kann.

Ein weiterer wichtiger Parameter in der Charakterisierung der Windressourcen ist der Anstieg der Windgeschwindigkeit mit zunehmender Höhe. (Windgeschwindigkeitsmessungen beziehen sich meist auf Messdaten in einer Höhe von 10 Metern.)
Eine Windressourcen-Vorhersage bestimmt die Produktivität einer Windenergie-Anlage, deren lokale Windgeschwindigkeiten bekannt sind.

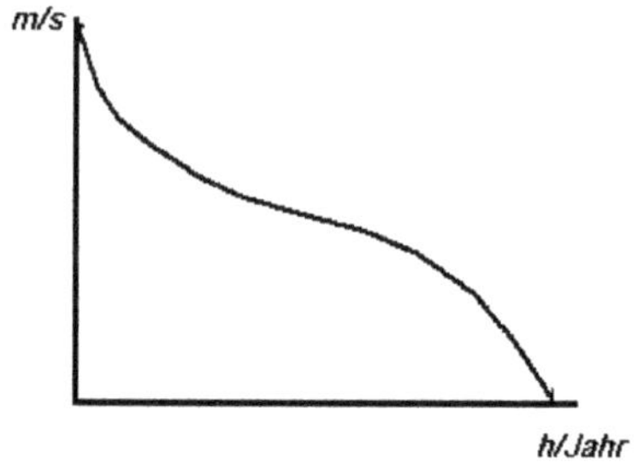

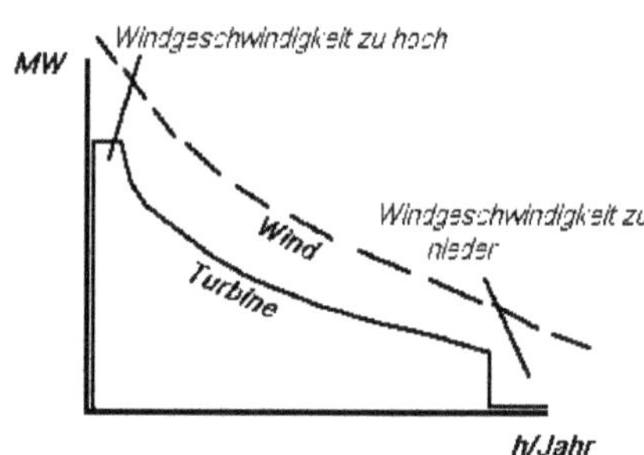

Bekannte durchschnittliche Windgeschwindigkeiten führen zu Leistungs-Abschätzungen
Quellen: links: Durchschnittliche Windgeschwindigkeiten im Jahr, vereinfacht dargestellt, Rohatgi and Nelson, 1994;
rechts: Abschätzbare Leistung pro Jahr, "Machine productivity curve", Manwell, McGowan, Rogers "Wind Energy Explained", 2006

Viele Studien über viele Teile der Welt wurden angefertigt um regional verfügbare Windenergie-Ressourcen zu ermessen. Einige dieser Studien führten zu detaillierten Wind-Atlassen in W/m^2 -Angaben oder anhand von Einteilungen in Wind-Power-Klassen. Diese reichen von Klasse 1 (Winde mit der niedrigsten Energie) bis Klasse 7 (Winde mit der größten Energie).

Winde ab Klasse 4 sind am besten geeignet für die meisten Windenergie-Anlagen. Klasse 3 ist geeignet für Windenergie-Anlagen mit höheren Turbinen. Die Klassen 1 und 2 sind für die Windenergie nicht zu gebrauchen.

Deutschland liegt in der Westwindzone und hat eine mittlere Windgeschwindigkeit von circa 4 m/s, wobei 70 % des Jahres ein Wind von <5 m/s weht.

Europäische und amerikanische Verbände haben anderen Ländern (Mexiko, Indonesien, Chile, Argentinien,…) technische Unterstützung zur Erschließung ihrer Windressourcen angeboten.

Quelle: Manwell, McGowan, Rogers „Wind Energy Explained", 2006

WINDENERGIENUTZUNG IN DEUTSCHLAND

In Deutschland trat die Idee zur Windenergie-Nutzung erstmals nach der Ölkrise auf. Auf Grund der „Unzuverlässigkeit" des Windes wurde ihr aber nur ein geringer Stellenwert beigemessen.

Auf eine Anfrage teilte das Forschungsministerium 1974 mit: „Windenergie hat nur geringe Priorität."

Zu dieser Zeit entstand eine Kluft zwischen Befürwortern erneuerbarer Energietechniken und denen der Atomtechnik. An zentraler Stelle stand die Atomtechnik.

Eine grobe Abschätzung des Ministeriums besagte, dass wohl nur die Hälfte des Stromverbrauchs gedeckt werden könnte, tatsächlich eher noch weniger. Windenergie würde deshalb voraussichtlich nur eine begrenzte, lokale Bedeutung haben.

Eine Studie, die 2 Jahre später entstand kommt zu dem Ergebnis, dass (mit 30 000 Windenergie-Anlagen im MW-Bereich) eine Deckung des Strombedarfs zu 75% möglich wäre. Die Bundesregierung entschloss sich „Die Möglichkeiten zur Nutzung der Windenergie im Detail zu prüfen".

1973 entstand die erste deutsche Windenergie-Anlage aus Eigeninitiative und Eigenkapital durch Walter Schoenball, späterer Initiator des Vereins für Windenergieforschung und – Anwendung aus dem dann die Deutsche Gesellschaft für Windenergie (DGW) hervorging. Sein Projekt scheiterte.

Das Growian (Große Windenergie-Anlage)-Projekt entstand. Dieses erste Versuchsobjekt zur Umsetzung von Windenergie in Deutschland war von 1983 bis 1987 in Betrieb. Die geplante Leistung dieser Anlage lag bei 3MW. Technische Schwierigkeiten (Growian stand 99% seiner Betriebszeit still) führten 1987 zu seiner Stilllegung und dem Abriss 1988. Nach diesem Rückschlag wurden zunächst mit kleineren Anlagen weitere Erfahrungen gesammelt.

Quelle: Heymann „Die Geschichte der Windenergienutzung 1890-1990", 1995

Anfang 2005 standen in Deutschland mehr als 17 000 Windenergie-Anlagen mit Höhen von bis zu 100 Meter und Nennleistungen von 3 bis 5 MW. Sie produzierten annähernd 17 000 MW Windleistung. Weltweit sind es circa 50 000 MW.

Zu den führenden Windenergie-Nationen gehören neben Deutschland die USA, Dänemark, Spanien und Indien. Auch China baut zunehmend auf erneuerbare Energien.

Bundesländer	Anzahl Windenergie-Anlagen	Leistung in MW
Baden-Württemberg	285	284
Bayern	266	301
Berlin	0	0
Brandenburg	2 169	2 863
Bremen	44	52
Hamburg	50	35
Hessen	522	433
Mecklenburg-Vorpommern	1 123	1 122
Niedersachsen	4 542	5 074
Nordrhein-Westfalen	2 376	2 301
Rheinland-Pfalz	821	924
Saarland	55	57
Sachsen	710	748
Sachsen-Anhalt	1 724	2 355
Schleswig- Holstein	2 610	2 242
Thüringen	471	569
Deutschland gesamt	**17 777**	**19 360**

Quelle: Installierte Windenergie-Anlagen und ihre Leistungen in Deutschland, ISET (Institut für Solare Energieversorgungstechnik), Stand 06.10.2006

WINDENERGIE-ANLAGEN

Eine Windkraftanlage besteht in der Regel aus den folgenden Komponenten:

- <u>Fundament, Erdung</u>
- <u>Mast:</u> Die Masten sind 10 m bis 100 m hoch. Bei zunehmender Höhe steigt der Energieertrag, aber auch die Kosten der Anlage. Die Masten werden aus Stahl oder Beton errichtet und dienen der Aufnahme von Gondel, Rotor, Getriebe und Generator.
- <u>Gondel:</u> Die Gondel bildet Grundrahmen, Träger und Verkleidung zur Aufnahme und Befestigung von Getriebe und Generator. Sie dient der Aufnahme aller an der Mastspitze auftretender Kräfte und Momente.
- <u>Rotorblätter:</u> Die Anzahl der Rotorblätter ist für den energetischen Wirkungsgrad unbedeutend. Je weniger Blätter eingesetzt werden, umso höher ist die Drehzahl der Anlage, um in gleicher Zeit die gleiche Fläche nutzen zu können. Zur Mitte hin sind die Rotorblätter meist als Holmverbindung ohne aktive Fläche konstruiert, da das Verhältnis zwischen Nutzen (Hebelarm, Strömungsfläche) und Aufwand nach innen deutlich ungünstiger wird.
- <u>Getriebe:</u> Das Getriebe sorgt für die Übersetzung der Rotordrehzahl auf die installierte Nenndrehzahl des Generators.
- <u>Rotorwelle</u>: Die Rotorwelle stellt die Verbindung zwischen Rotor und Getriebe dar.
- <u>Generator:</u> Als Generatoren sind sowohl Synchron- als auch Asynchron-Generatoren einsetzbar.
- <u>Steuerfahnen:</u> Die Steuerfahne bewirkt die automatische Einstellung des Winkels zwischen Gondel/Rotor und Windrichtung.

Quelle: http://www.boxer99.de/windkraft_windkraftanlagen.htm

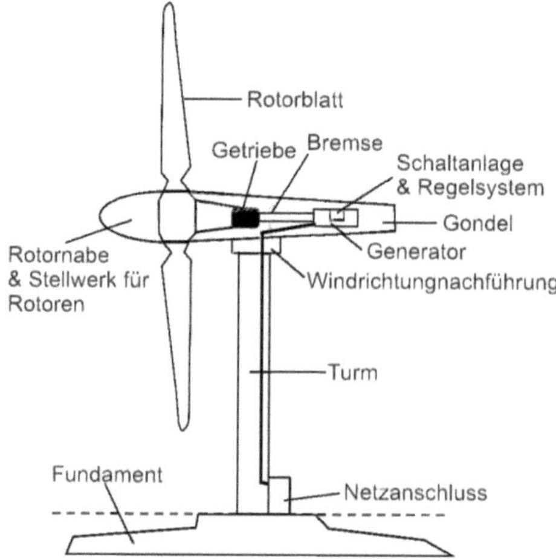

Quelle: Windenergie-Anlage, www.biologie.de/biowiki/Bild:Schema_Windenergieanlage.png

Mit dem Begriff „1500-kW-Windenergie-Anlage" wird die maximale Leistung des Generators, seine Nennleistung, gekennzeichnet. Die Nennleistung erreicht die Anlage bei einer spezifischen Windgeschwindigkeit. Diese Nennwindgeschwindigkeit liegt meistens zwischen 11 und 15 m/s. Der Betriebsbereich der Windenergie-Anlage liegt zwischen der Einschaltwindgeschwindigkeit (2,5-4 m/s) bei der die Windenergie-Anlage beginnt, elektrische Leistung in das Netz abzugeben, und der Abschaltwindgeschwindigkeit (25-34 m/s). Bei zu hoher Windgeschwindigkeit wird die Leistung herabgeregelt, um eine gleichmäßige Einspeisung zu gewährleisten.

Die beiden folgenden Prinzipien sind die gängigsten zur Leistungsregulierung:

- Stall-Regelung (aerodynamischer Abriss): Steigt die Windgeschwindigkeit über ein bestimmtes Maß hinaus, reißt durch die spezielle Flügelform die Luftströmung an der Blattkante des Rotorblattes ab und begrenzt so die Drehzahl. Eine Modifikation stellt die so genannte Aktiv-Stall-Regelung dar, bei der eine Verstellung der Rotorblätter möglich ist.
- Pitch-Regelung (Blattwinkelverstellung): Über die Elektronik und Hydraulik kann jeder einzelne Flügel stufenlos verstellt werden. Auf diese Weise wird der Auftrieb verringert, so dass auch bei hohen Windgeschwindigkeiten die Leistungsabgabe des Rotors ab der Nennleistung konstant bleibt.

Quellen: *www.windinformation.de,*
de.wikipedia.org/wiki/Windenergieanlagen,
Abbildung: de.wikipedia.org/wiki/Bild:Regelkonzept.png

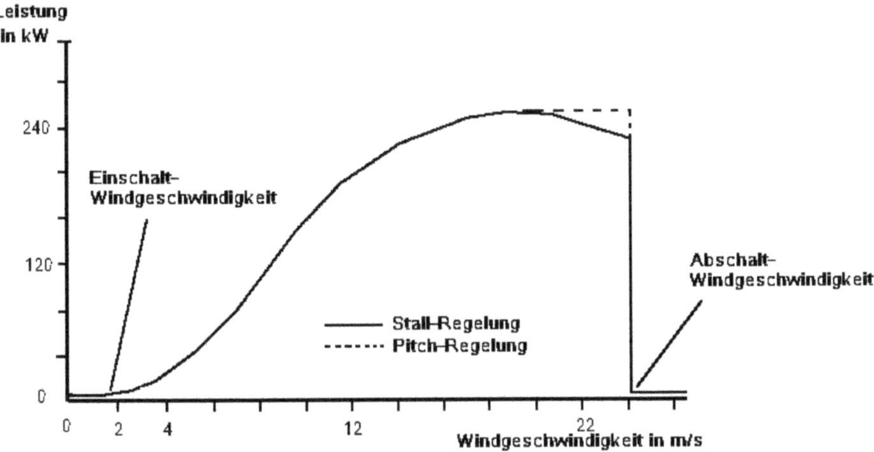

Quelle: Leistung einer Windenergie-Anlage mit Stall-/ Pitch-Regelung, „Power output curve for wind turbine", Manwell, McGowan, Rogers, „Wind Energy Explained", 2006

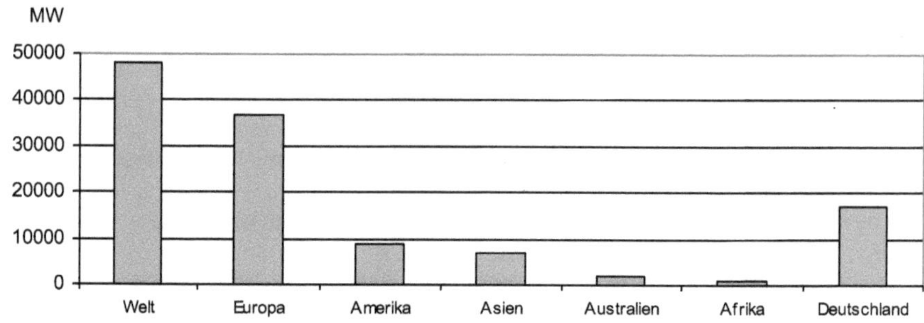

Weltweit installierte Windenergieleistung 2005 in Megawatt
Quelle: Bundesverband WindEnergie e.v., 2005

JOBMOTOR ERNEUERBARE ENERGIEN

130 000 Beschäftigte zählt die Branche der erneuerbaren Energien in Deutschland. Davon 64 000 im Bereich der Windenergie. Bis 2020 können es sogar 500 000 Jobs bei den Erneuerbaren Energien, davon rund 110 000 Arbeitsplätze bei der Windkraft sein. An Nord- und Ostsee, mit Beginn der Offshore-Anlagen (Windenergie-Anlagen auf dem Meer), zusätzlich über 10 000. Arbeitsplätze entstehen vermehrt in alt eingesessenen Unternehmen aus dem Maschinen- und Anlagenbau sowie der Metall- und Elektrobranche, die größtenteils in Norddeutschland, Nordrhein-Westfalen, Baden-Württemberg und Sachsen-Anhalt beheimatet sind.

Die deutsche Windindustrie ist weltweit führend. Nirgendwo sonst werden mehr Windenergie-Anlagen und Komponenten gefertigt. Nirgends sind technisches Wissen und gesammelte Erfahrungswerte in so hohem Maße verfügbar. Deutsche Unternehmen haben einen Weltmarktanteil von 50%.

Die Exportquote deutscher Windtechnologie liegt schon heute bei 60%, Tendenz steigend.

Dennoch gestaltet sich die Erschließung ausländischer Märkte immer noch schwierig. Wie in Deutschland werden in vielen anderen Ländern konventionelle Energieträger subventioniert und die externen Kosten der Energiegewinnung nicht in den Preis eingerechnet. Oftmals fehlen feste gesetzliche Rahmenbedingungen. Es besteht ein Informationsdefizit bezüglich der ökonomischen und ökologischen Vorteile einer Energieversorgung aus erneuerbaren Energien.

Quellen: Arbeitsplatzstatistik der Windenergie-Branche für das Jahr 2003,
Bundesverband WindEnergie, 2004, www.exportinitiative.de

Diese Hemmnisse gilt es durch eine nachhaltige Exportförderung abzubauen. Nur so können die ambitionierten Ausbauziele, zu denen sich unter anderem die Europäische Union, Lateinamerika oder China verpflichtet haben, in Zukunft umgesetzt werden. Die Potenziale sind riesig, geeignete Standorte für die Nutzung der Windenergie gibt es überall auf der Welt.

GESETZLICHE FÖRDERUNG

Das Erneuerbare-Energien-Gesetz (EEG) ist ein zentrales Element für Klima- und Umweltschutz und gesetzliche Grundlage der Vergütung für Strom aus erneuerbaren Energien. Es trat im April 2000 in Kraft und löste damit das Stromeinspeisegesetz von 1991 ab. 2004 wurde das EEG überarbeitet und die Vergütungssätze der technologischen Entwicklung angepasst.
Festgelegte abnehmende Vergütungssätze sowie die vorrangige Abnahme durch die Netzbetreiber garantieren den Marktzugang und sichern den weiteren Ausbau der erneuerbaren Energien. Das EEG sieht eine feste Einspeisevergütung des durch Windenergie-Anlagen erzeugten Stroms vor (Mindestpreissystem). Die Produktion, der Aufbau oder der Betrieb einer Anlage werden nicht gefördert.

Die Vergütung für Windstrom orientiert sich an zwei Grundsätzen:
- Eine jährliche Absenkung der Vergütung für neu errichtete Anlagen um jeweils 2 Prozent. (Dies erhöht den Innovationsdruck und beschleunigt die Angleichung der Strompreise an fossile Energieträger.)
- Windreiche Standorte werden geringer vergütet.

Je höher der durchschnittliche Ertrag, desto eher erfolgt die Zurückstufung. Die gesetzlich festgelegte Vergütung durch das EEG ist auf 20 Jahre befristet. Die Vergütung für Offshore-Anlagen unterliegt einer besonderen Regelung.

Jahr der Inbetriebnahme	Sehr guter Standort (Küste)	Durchschnittlich windgünstiger Standort	Weniger guter Standort
2001	6,9 Cent	7,7 Cent	9,1 Cent
2003	6,7 Cent	7,5 Cent	8,9 Cent
2005	6,18 Cent	6,96 Cent	8,53 Cent

Reale Durchschnittsvergütung über 20 Jahre (1. und 2. Vergütungsphase)
Quelle: Erfahrungsbericht zum EEG, entnommen Bundesverband WindEnergie e.v., 2005

Notwendig ist diese Regelung wegen jahrzehntelanger Subventionierung der etablierten Energieträger und einer fehlenden Berücksichtigung externer Kosten bei der Energiepreisbildung. Allein die Atomkraft bekam direkte staatliche Beihilfen in Höhe von über 40 Milliarden Euro für den Bau von Forschungsreaktoren. Bei der im EEG festgeschriebenen Vergütung von Strom handelt es sich nicht um staatliche Subventionen sondern um eine Umlage der Mehrkosten auf die Energieverbraucher.
Einen durchschnittlichen Vier-Personen-Haushalt kostet die EEG-Umlage aber nur etwas mehr als einen Euro im Monat. 15 Euro im Jahr.
Das EEG stellt daher einen Nachteilsausgleich gegenüber fossilen und atomaren Energieträgern dar. Es schafft die notwendige Planungssicherheit für Hersteller, Anlagenbetreiber und Finanzierer. Seit seiner Einführung hat sich das EEG mit seinem Mindestpreissystem auch im Vergleich mit Ausschreibungssystemen (Erzeuger konkurrieren um die Deckung eines zuvor festgelegten Mengenkontingents, der Ausschreibungs-Gewinner erhält dann die Abnahmegarantie) und Quotenmodellen (ein Strom-Anteil, der von den Akteuren bereitgestellt werden soll wird festgesetzt) als äußerst effizient erwiesen. Bereits

heute haben 16 EU-Länder ähnliche Vorschriften zur Förderung der erneuerbaren Energien. Und auch außerhalb Europas überzeugt das Mindestpreissystem.
Quellen: www.erneuerbare-energien.de, www.bee-ev.de, Erneuerbare-Energien-Gesetz: Gesetz für den Vorrang erneuerbarer Energien, Kommentar

WINDENERGIE ZU WASSER

Die Zukunft der Windenergie-Nutzung liegt auf dem Meer. Hier wehen die Winde stärker und stetiger. Die Energieausbeute ist schätzungsweise um 40% höher als an Land. So genannte Offshore-Windparks können in den kommenden Jahren einen erheblichen Beitrag zur Energieversorgung leisten. In Europa werden noch in diesem Jahrzehnt 10 000 MW Offshore-Leistung installiert.
Bis 2020 sollen es dann 70 000 MW sein.
Quelle: Schätzung, European Wind Energy Association (EWEA)

In Deutschland sind bereits 41 Projekte in Nord- und Ostsee beantragt. Auf Grund aufwendiger Genehmigungsverfahren und hohen Umweltauflagen sind bisher nur wenige genehmigt. Realisiert ist bisher eine einzige 4,5 MW-Anlage in Emden. Um dem Landschaftsbild nicht zu schaden werden die Offshore-Windparks weit vor der Küste in bis zu 40 Meter tiefem Wasser errichtet. Die technischen Anforderungen sind hierbei um ein Vielfaches höher als beim Bau von Anlagen direkt vor der Küste.
Trotz dieser Hindernisse lohnt sich der Ausbau der Windenergie auf See nicht nur ökologisch sondern auch ökonomisch. Es entstehen bei Herstellern und Zulieferfirmen etwa 10 000 neue Arbeitsplätze und die Küstenregionen erwarten Investitionen von mehreren Milliarden Euro.
20 000 bis 25 000 MW durch Offshore-Windparks bis zum Jahr 2030 ist das erklärte Ziel der Bundesregierung.
Quelle: www.offshore-wind.de

BETRIEB EINER WINDENERGIE-ANLAGE

Die Betreiberstruktur deutscher Windparks ist gemischt (Privatpersonen, Gesellschaften,...).
Als besonders erfolgreich hat sich bisher das Modell des Bürgerwindparks erwiesen.
Bürgerwindparks werden in enger Zusammenarbeit zwischen den Initiatoren (oftmals lokale Grundstückseigentümer), beteiligten Gemeinden und der anwohnenden Bevölkerung verwirklicht. Ein großer Teil der in Deutschland realisierten Windparks wurde über Windenergiefonds finanziert. Es handelt sich hierbei um Unternehmen, die von Initiatoren gegründet und von privaten Investoren mitgetragen werden. Die privaten Investoren können sich an den Windparks ab 3.000 Euro beteiligen. Bei Bürgerwindparks ist für Anleger aus der Region die Beteiligung für einen geringeren Betrag möglich. Im Gegenzug profitieren sie von den Ausschüttungen der Gesellschaften und von Verlustzuweisungen in den ersten Jahren der Beteiligung, die die Steuerlasten der Investoren mindern.
Dies sorgt für eine hohe regionale Mitwirkung und Akzeptanz. Die Bürger profitieren auch finanziell vom Ertrag „ihres" Windparks.
Den Gemeinden bieten sie sichere Einnahmequellen durch Gewerbesteuern und Pachten.
Lokale Unternehmen können während der Bauphase zu lukrativen Aufträgen gelangen.

Quellen: „Das Geld bleibt in der Gemeinde", Windblatt, Heft 6/2004, www.wind-energie.de,
www.ecoreport.de

Jegliche Form der Energiegewinnung verursacht Folgekosten. Während allein 36% der
deutschen Treibhausgasemissionen auf die Kohlekraftwerke zurückgehen entstehen bei den
erneuerbaren Energien fast ausschließlich in der Herstellungsphase der Anlagen Schadstoffe,
der Betrieb ist weitestgehend schadstofffrei. Die Folgekosten der fossilen Energieträger Öl,
Kohle und Gas sowie der Atomenergie mit ihren unabschätzbaren Risiken liegen teilweise
weit über den Aufwendungen zur Förderung durch das EEG. Strom aus erneuerbaren
Energien wäre somit heute nicht nur volkswirtschaftlich günstiger sondern bereits
wettbewerbsfähig (würde man die externen Kosten der Energiegewinnung in den
Energiepreisen berücksichtigen).
Quellen: Externe Kosten in der Stromerzeugung, VWEW Energieverlag, Berlin, 2003
www.externe.info

Eine Windenergie-Anlage erzeugt während ihres Betriebes gut 40 bis 70 Mal so viel Energie
wie für ihre Herstellung, Nutzung und Entsorgung eingesetzt wird.
Bei einer einschätzbaren Lebensdauer von 20-30 Jahren benötigt eine Windenergie-Anlage
zwischen drei und zwölf Monate, um die verlorene Energie wieder zurück zu gewinnen.
Untersuchungen für Offshore-Anlagen der Multimegawattklasse haben gezeigt, dass diese
hierfür lediglich vier bis sechs Monate benötigen.
Betrachtet man bei der energetischen Tilgung dann noch die Möglichkeiten des Recyclings,
so erhöht sich der Erntefaktor auf bis zu 90%.
Dem Bau und der Inbetriebnahme einer Windenergie-Anlage geht ein mehrstufiges
Genehmigungsverfahren voraus, das gemäß Baugesetzbuch auch die Verpflichtung
beinhaltet, die Anlagen nach Betriebsende vollständig zurückzubauen und den Standort
wieder in den ursprünglichen Zustand zu versetzen. Die Rotorblätter können zermahlen und
wiederverwertet werden. Ebenso kann der Beton des Fundamentes, die Elektroteile und
andere Komponenten wiederverwertet werden. Dieses Recycling ist wirtschaftlich. Moderne
Windenergie-Anlagen lassen sich zu annähernd 100% wiederverwerten.
Quellen: „Energetische Bewertung von Windkraftanlagen" (Diplomarbeit) FH Würzburg, 2004
„Ganzheitliche Energiebilanz von Windkraftanlagen: Wie sauber sind die weißen Riesen?"
Ruhruniversität, Bochum, 2004
Perspektiven eines Recyclings von Windkraftanlagen, In: DEWI Magazin 8/1995

GENEHMIGUNG und RISIKEN-ABSCHÄTZUNG

Die Genehmigung von Windenergie-Anlagen kann von den Kommunen durch die
Ausweisung geeigneter Flächen, so genannter Vorrangflächen, beeinflusst werden. In
Ausschlussgebieten, Naturschutzgebiete oder Gebiete von besonderem kulturellem und
historischem Wert, dürfen keine Windenergie-Anlagen aufgestellt werden.
Die Einhaltung gesetzlicher Grenzwerte für zum Beispiel Schallemissionen und Schattenwurf
sind ebenfalls fester Bestandteil einer Genehmigungs-Prüfung.
Unabhängigen Messungen zufolge erreicht der von Windenergie-Anlagen erzeugte
Infraschall (Schall mit niedriger Frequenz) selbst im Nahbereich keine dem Menschen
schädlichen Werte.

Der so genannte Diskoeffekt, Lichtreflexe an den Rotorblättern, wird heute durch matte, nicht-reflektierende Farbe auf den Rotorblättern beseitigt.
Quellen: Infraschall von Windenergieanlagen: Realität oder Mythos? In: DEWI Magazin 2/2002 www.windtest-nrw.de

Tiere zeigen in der nähe von Windenergie-Anlagen kein auffälliges Verhalten. Bei Wildtieren tritt meist nach kürzester Zeit ein Gewöhnungseffekt ein.
Strittig sind die Auswirkungen von Offshore-Windparks auf Meeressäuger. Die Errichtung von Windenergie-Parks, mit Turmbau und Kabelverlegung, wird von einigen Meeresschützern als problematisch eingeschätzt. Weniger hingegen der Betrieb. Durch den Wegfall der Fischerei könnten hier sogar wertvolle Rückzugsgebiete für die Tiere entstehen. Wanderwege der Meeressäuger sowie Durchziehgebiete von Vögeln finden bereits Berücksichtigung bei der Standortwahl der Offshore- und Onshore-Windparks.
Der so genannte „Vogelschlag" kann durch Studien zum Thema Windenergie und Artenschutz widerlegt werden.
Quellen: Vogelschutz und Windenergie, BWE-Hintergrundpapier, 5/2005,
Projekt „Windkraftanlagen" . Raumnutzung ausgewählter heimischer Niederwildarten im Bereich von Windkraftanlagen, Institut für Wildtierforschung, Hannover, 2001, www.delphinschutz.org/gefahren/offshore.wind.htm

Ein weitaus größeres, aber kalkulierbares Risiko ist der Umsturz der gesamten Anlage beziehungsweise das Abreißen von Anlagenteilen, vor allem der Rotorblätter. Statistisch betrachtet kommt so etwas pro Windenergie Anlage alle 200 bis 500 Betriebsjahre vor.
Einem Blitzeinschlag wird bei neueren Maschinen durch Blitz- und Überspannungsschutz vorgebeugt.
Das Problem der Vereisung der Rotorblätter an Anlagen in kälteren Regionen und eine damit verbundene Leistungsminderung oder die Gefahr von Eisabwurf kann ebenso eingeschränkt werden. Spezielle Eissensoren und eine Rotorblattheizung schaffen hier Abhilfe.
Außerdem sorgt eine automatische, computergesteuerte Betriebsführung für die stetige Überwachung aller Betriebsparameter.
Gesetzliche Grundlage des Genehmigungsverfahrens ist stets das Baugesetzbuch beziehungsweise Bundesimmissionsschutzgesetz.
Quellen: Baugesetzbuch (BauGB), Bundesemmissionsschutzgesetz (BimSchG), Eiszeit am Standort, Seifert, DEWI Magazin, 2/2005, Gesamtüberblick über den technologischen Entwicklungsstand und das technische Gefährdungspotential, Gesamtverband der deutschen Versicherungswirtschaft (GDV), 3/2003

Windenergie-Anlagen stellen einen Eingriff in die Landschaft dar.
Windenergie-Anlagen sind aber auch sichtbare Zeichen des Klimaschutzes und des ökologischen Fortschritts. Einige Gemeinden nutzen dies zu ihrem Vorteil. Sie erleben einen Imagegewinn, da es die meisten Urlauber befürworten, wenn an ihrem Ferienort aktiver Umweltschutz praktiziert wird. Informationsarbeit über die erneuerbaren Energien, verbunden mit Besichtigungstouren zu Windenergie-Anlagen, bereichern das touristische Angebot. (Sie haben aber keine bemerkenswerten Auswirkungen auf den Tourismus.)
Quelle: www.wind-energie.de (Themenbereich: Windenergie Regional)

REPOWERING

Die Anzahl der Windenergie-Anlagen in Deutschland wird sich trotz steigender installierter Leistung nicht wesentlich erhöhen. Grundlegend hierfür sind technische Innovationen und Repowering zu nennen.
Repowering bedeutet ältere Windenergie-Anlagen durch neue, leistungsstärkere Anlagen zu ersetzen. Das Ziel ist eine bessere Ausnutzung der verfügbaren Standorte und die Erhöhung der installierten Leistung bei gleichzeitigem Rückgang der Anlagen-Anzahl.
Weniger, ruhiger und leiser laufende Anlagen sind eine Entlastung für die Umwelt. Zudem können landschaftsplanerische Fehler aus der Erstbauzeit korrigiert werden.
Quelle: Repowering, es lohnt sich! In: Windenergie 2004. Marktübersicht, BWE-Service GmbH, Osnabrück, 2004

	Vorher	Nachher
Anzahl der Windenergie-Anlagen	13	5
Nabenhöhe	65 Meter	125 Meter
Nennleistung	600 Kilowatt	4 500 Kilowatt
Installierte Gesamtleistung	7,8 Megawatt	22,5 Megawatt
Jahresenergieertrag	23,53 Millionen kW/h	84,42 Millionen kW/h

Repowering: Vorher-nachher Beispiel
Quelle: Bundesverband WindEnergie e.v., 2005

LEISTUNG

Eine Windenergie-Anlage kann maximal 59% der im Wind enthaltenen kinetischen Energie in mechanische Energie umwandeln. Ein Teil des Windes (circa ein Drittel) weicht dem Windrad ungebremst aus, zudem bleiben von den restlichen zwei Dritteln Wind, die durch die Rotorblätter strömen 12% kinetische Energie erhalten. Nur 88% können genutzt werden. Ausgehend davon, dass nur zwei Drittel des Windes auf das Rotorblatt treffen ergibt sich: 67% von 88% = circa 59%. Auf Grund von Umwandlungsverlusten (Umwandlung der kinetischen Energie des Windes in die Drehbewegung des Rotors und schließlich in elektrische Energie) erreichen moderne Anlagen heute eine Ausbeute von gut 45%. Für die Leistung, die dem Wind entzogen werden kann, ist maßgeblich die von den Rotorblättern überstrichene Fläche sowie die Windgeschwindigkeit von Bedeutung.
Bei der Verdoppelung der Windgeschwindigkeit verachtfacht sich die Windleistung.
Quellen: www.wwindea.org, www.windinformation.de

Windenergie-Anlagen produzieren zwischen 7 000 und 8 000 Stunden Strom im Jahr. Bei 8 760 Jahresstunden entspricht dies einer durchschnittlichen Laufzeit von circa 85%. Die Rotoren drehen sich aber nicht immer mit maximaler Leistung. Die Windstromproduktion beginnt bei circa 2,5 m/s Windgeschwindigkeit und wird erst bei starkem Sturm langsam und netzverträglich herabgeregelt. Hiervon zu unterscheiden ist der lediglich statistische Wert der Volllaststunden. Dieser Wert wird im Mittel mit rund 2 000 Stunden pro Jahr angegeben

und errechnet sich, indem man die gesamte Stromproduktion einer Anlage im Jahr durch ihre maximale Leistung (Nennleistung) teilt.
Auch bei wenig Wind wird Strom in das örtliche Netz eingespeist.
Quelle: Windenergiereport Deutschland 2004, ISET (Institut für Solare Energieversorgungstechnik), Kassel, 2005

VERSORGUNGSSICHERHEIT und KOSTEN

Moderne Windturbinen arbeiten mit mittleren Drehzahlen. Dabei produziert eine einzige 1,5 MW-Anlage je nach Standort 2,5 bis 5 Millionen kWh Strom pro Jahr. Damit kann sie über 1 000 Vier-Personen-Haushalte versorgen oder in 20 Betriebsjahren umgerechnet circa 90 000 Tonnen Braunkohle ersetzen. Die größten Windturbinen haben mittlerweile Nennleistungen von 5MW. Sie produzieren jährlich bis zu 17 Millionen kWh Strom. Ein kleiner Windpark kann so bereits eine ganze Kleinstadt mit Strom versorgen.
Quelle: Windenergie 2005, Marktübersicht, BWE-Service GmbH, Osnabrück, 2005

Im Jahr 2004 umfasste das deutsche Stromnetz 1 641 500 km Leitungen.
Die Einspeisung der Windenergie in das deutsche Versorgungsnetz macht einen Umbau dieses Netzes notwendig. Man geht zusätzlich von 845 km im Höchstspannungsnetz aus. Das sind weniger als 5% der bestehenden Leitungen.
Neue Leitungen dienen aber nicht nur der Übertragung von Windstrom sondern auch der Intensivierung des europäischen Stromhandels und sind daher von den Netzbetreibern gewollt. Betreiber investieren jährlich zwei Milliarden Euro in die Stromnetze. Der Netzausbau zur Windenergie Einspeisung beträgt lediglich 115 Millionen Euro pro Jahr. Bei einer durchschnittlichen monatlichen Stromrechnung eines Drei-Personen-Haushaltes beträgt der Kostenanteil aller erneuerbarer Energien lediglich 2,3% (Davon 65% Windenergie). Der notwendige Netzausbau wird daran nichts ändern. Bis 2015 ergeben sich hierdurch Mehrkosten von weniger als einem Euro pro Jahr und Haushalt.
Quellen: www.wind-energie.de (Themenbereich: Stromnetz), dena-Netzstudie

Der Hauptgrund für die gestiegenen Strompreise liegt in den überhöhten Netz-nutzungskosten. Diese müssen von jedem Wettbewerber bezahlt werden, der die Leitungen für die Durchleitung seines Stroms nutzen will. Seit der Liberalisierung stiegen die Entgelte allein zwischen 2001 und 2005 um bis zu 50%. Mehr als doppelt so hoch wie der EU-Durchschnitt. Investitionen von circa zwei Milliarden Euro stehen 18 Milliarden Euro Einnahmen aus Netznutzungsentgelten gegenüber. Die steigenden Kosten fossiler Energien und der notwendige Ersatz eines Großteils der alten Kraftwerke werden die Preise noch ansteigen lassen.
Quelle: „Energieperspektiven", Studie, Deutsche-Bank-Research

Die Kosten für eine Kilowattstunde Windstrom sinken dagegen kontinuierlich. Zwischen 1991 und 2003 um 55% und bis 2010 um weitere 20%. Strom aus Windenergie wird in 10-15 Jahren dem Strom aus fossilen Energieträgern konkurrenzfähig sein.
Die Netzstabilität wird durch den Ausbau der Windenergie nicht gefährdet. Dass auch ein hoher Windstromanteil ins Netz problemlos zu integrieren ist, zeigen die Dänen, die bereits einen Windstromanteil von mehr als 20% haben.

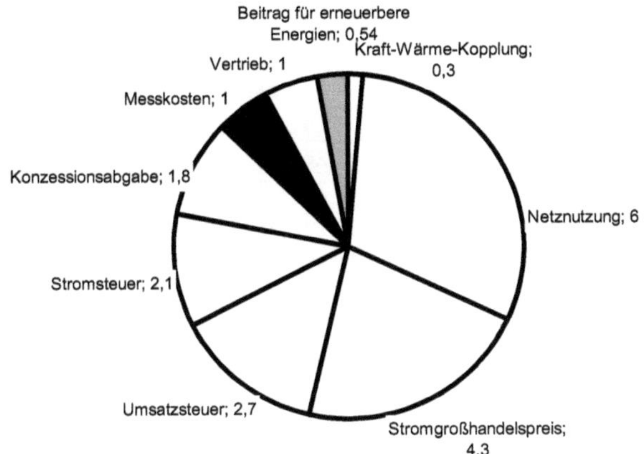

Zusammensetzung des Strompreises,
Errechnete Durchschnittspreise des Endkunden bei 19,6 Cent/kWh in Cent,
Messkosten (schwarz)sind fast doppelt so hoch wie die Kosten für Erneuerbare Energien
(grau)
Quelle: Bundesverband WindEnergie e.v., 2005

Der Wind ist unstetig und somit nicht immer entsprechend dem Energiebedarf der Verbraucher vorhanden. Eine Flaute muss mit Energie aus anderen Kraftwerken oder anderen Regionen durch so genannte Regelenergie ausgeglichen werden. Der bundesweite Regelenergiebedarf sank trotz Ausbaus der Windenergie in den Jahren 2002 bis 2004 um 12%. Zudem kann bereits heute die zu erwartende Windleistung 48 bis 72 Stunden vorher mit einer Abweichung von durchschnittlich 7% bestimmt werden. Nur für den nicht sicher vorhersehbaren Anteil muss noch Regelenergie bereitgehalten werden.
In den nächsten Jahren wird der Regelenergiebedarf durch verbesserte Prognosemöglichkeiten und neuere Speichertechniken weiter sinken.
Der deutsche Strommarkt ist in vier Regelzonen eingeteilt. Die Bildung einer einzigen Regelzone würde den Bedarf an Regelenergie erheblich verringern, da so ein bundesweiter Ausgleich möglich wäre. Zudem können in Zukunft zum Ausgleich einer schwankenden Stromeinspeisung auch erneuerbare Energien eingesetzt werden.
Quellen: www.vdn-berlin.de   (Verband   der   Netzbetreiber),   www.wind-energie.de
(Themenbereich: Stromnetz)

ZUKUNFT: ERNEUERBARE ENERGIEN

Anzahl der Windenergie-Anlagen	17 777
Leistung	19 360 Megawatt
Strom	26,5 Milliarden kWh
CO2 Vermeidung	25 Millionen Tonnen
Arbeitsplätze	64 000

Quelle: Aktuelle Statistiken, www.wind-energie.de/de/publikationen/, Stand:10/2006

Deutschland hat im Jahr 2000 circa 860 Millionen Tonnen CO2 emittiert (knapp 4% des weltweiten CO2-Ausstoßes. Das erklärte Ziel Deutschlands ist eine CO2-Ausstoß-Verminderung um 40% bis 2020 und um 80% bis 2050 (bezogen auf 1990). Neben Investitionen in eine verbesserte Energieeffizienz und Energieeinsparung setzt die Bundesregierung hier vor allem auf den Einsatz erneuerbarer Energien. Sie sollen bis zum Jahr 2050 mindestens 50% der gesamten Energieversorgung ausmachen. 2004 konnten durch erneuerbare Energien bereits 52 Millionen Tonnen CO2 vermieden werden. Der Anteil der Windenergie lag hier bei 25 Millionen Tonnen.
Quelle: www.wind-energie.de

Zwei Drittel der deutschen Bundesbürger sprechen sich für eine deutliche Erhöhung des Anteils der Windenergie an der Stromversorgung in Deutschland aus. Grüne (85%), SPD (80%) sowie FDP (63%) und Union (63%) befürworten die Nutzung der Windenergie.
Windkraft gilt nach der Solarenergie als beliebteste Energieform. Geschätzt werden besonders ihre Umwelt- beziehungsweise Klimaverträglichkeit und ihre Unerschöpflichkeit. Sie verringert die Abhängigkeit von fossilen Energieträgern wie Kohle, Uran, Öl und Gas und zeigt kaum Gefahren für Mensch und Natur. Atomkraft hingegen wird als zukunftsfähige Energieform abgelehnt. 59% der Bevölkerung erachten das Risiko ihrer Nutzung als zu hoch und fordern den endgültigen Ausstieg.
Quelle: „Meinungen zu erneuerbaren Energien", forsa-Umfrage, 2004

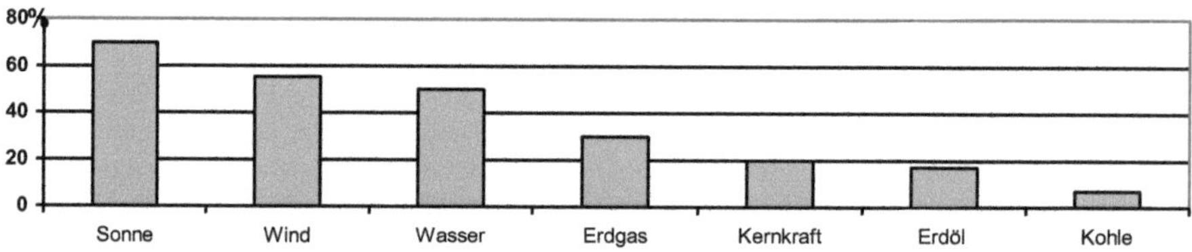

Der Wunsch nach den zukünftigen tragenden Säulen der Energieversorgung in Prozent
Quelle: Allensbach, 2003

Die meisten Industrienationen haben sich im Rahmen internationaler Vereinbarungen zur Verminderung ihres Schadstoffausstoßes verpflichtet und Ziele für die Nutzung erneuerbarer Energien festgesetzt. Bisher haben sich die Mindestpreissysteme als äußerst erfolgreich erwiesen (Abnahmepflicht von Strom und ein garantierter Abnahmepreis). Sie sind flexibel in

der Ausgestaltung und schaffen langfristig gesicherte Rahmenbedingungen. Im Jahr 2004 fand mehr als 70% des europäischen Zubaus der Windenergie in den Mindestpreisländern Deutschland und Spanien statt.
Quelle: Europa setzt auf feste Tarife, In: neue energie, Heft 2/2005

Die Bundesregierung will bis 2010 den Anteil der erneuerbaren Energien am Bruttostromverbrauch auf 12,5% anheben, bis 2020 auf über 20%. 2050 soll bereits rund 50% des Primärenergieverbrauchs durch erneuerbare Energien gedeckt sein. In Schleswig-Holstein beträgt der Windstromanteil mittlerweile zwischen 30 und 50%. In Dänemark wird nahezu ein Fünftel der Stromproduktion von der Windenergie geleistet.
Weltweit ist Deutschland ein Vorreiter bei der Nutzung erneuerbarer Energien. CO2-Anstieg, Erderwärmung und die Verknappung fossiler Energieträger sind jedoch globale Probleme, die nur international bewältigt werden können. Die Umwelt- beziehungsweise Klimaschutzgipfel von Rio (1992), Kyoto (1997) und Johannesburg (2002) sowie die internationale Konferenz für erneuerbare Energien in Bonn (2004) haben zu einer stetig wachsenden Koalition von Nationen geführt, die sich im Bereich des Klimaschutzes und der Förderung erneuerbarer Energien hohe Ziele und klare Zeitpläne gesteckt haben. So soll der Anteil der erneuerbaren Energien an der Stromversorgung bis zum Jahr 2010 in der Europäischen Union auf 22% (inklusive Großwasserkraft), in Lateinamerika und China auf 10% ansteigen.
Quelle: www.renewables2004.de, www.erneuerbare-energien.de

RESÜMEE

Fossile Rohstoffe sind knapp und endlich.
Ein Weg in die gesicherte zukünftige Energieversorgung ist die erneuerbare Energie. Und somit auch die Windkraft.
Die Versorgung durch erneuerbare Energien in Deutschland liegt mittlerweile bei knapp unter 10% (5,5% Windenergie). Eine weitere Steigerung auf bis zu 50% (bis 2050) wird erstrebt.
Windenergie ist unerschöpflich, weltweit nutzbar und vielerorts umsetzbar.
Die Mittel und Technologien zur Nutzung des Windes verbessern sich stetig. Durch Innovation können immer genauere Windatlasse entstehen und genauere Prognosen gemacht werden.
Dies wird zu einer immer effektiveren und unabhängigen Nutzung dieses Zweiges der erneuerbaren Energien führen.
Die Technik der Windenergie-Anlagen wird durch Erfahrungswerte und Weiterentwicklung effektivere Wirkungsgrade erzielen. Sinkende Strompreise und eine größere Versorgungssicherheit, die auch durch Repowering und den Ausbau des deutschen Stromnetzes entstehen, werden folgen. Strom aus der Windenergie wird dem der fossilen- und atomaren Energien somit konkurrenzfähig.
Gemeinden, die auf Windenergie setzen, profitieren dadurch. Sei es durch Gewerbesteuern, durch Ausschüttungsbeteiligung oder durch Aufträge ortsansässiger Betriebe.
Erneuerbare Energien sichern Arbeitsplätze. 500.000 Jobs bis 2020, davon rund 110.000 bei der Windkraft, weitere 10.000 mit der Entstehung von Offshore-Windparks.
Deutsche Unternehmen der Windindustrie haben einen Weltmarktanteil von 50%. Die Exportquote, die noch weiter ansteigen wird, liegt bei rund 60%.

Gesetzliche Förderungen wie das Erneuerbare-Energien-Gesetz, garantieren, mit einer gesichert geregelten Stromabnahme und Vergütung, die Markteinführung und fordern den weiteren Ausbau.

Eine Herausforderung ist die oft aufwendigen Genehmigungsverfahren, zu Land wie zu Wasser. Aus heutiger Sicht kann man sehen, dass Windenergie-Anlagen keinen Störfaktor im Landschaftsbild darstellen, sondern für ein zukunfts- und ökologiebewusstes Aussehen sorgen. Natur und Tierwelt tragen hier keinen Schaden. Es kommt ihnen zu Gute.

Außerdem besteht weiterhin das Problem, dass fossile und atomare Energien staatlich subventioniert werden und externe Kosten nicht in der Energiepreisbildung berücksichtigt werden. Dies würde die Windenergie schneller konkurrenzfähig machen.

Durch erneuerbare Energien wird die CO_2-Ausschüttung verringert. Alleine im letzten Jahr wurden durch Windenergie-Anlagen in Deutschland rund 25 Millionen Tonnen CO_2-Ausschüttung vermieden. Erklärtes Ziel ist eine weitere Verminderung um 40% bis 2020 und um 80% bis 2050 (bezogen auf 1990).

Deutschland ist Vorreiter und Vorbild bei der Nutzung erneuerbarer Energien.

Gemachte Erfahrungen sowie technische Entwicklungen, Export von Material, Technik und Wissen, aber auch die technische Unterstützung für andere Länder zur Erschließung ihrer Windressourcen sind wichtige Schritte zu einer andauernd wachsenden Koalition von Nationen, die sich im Bereich des Klimaschutzes und der Förderung der erneuerbaren Energien hohe Ziele und klare Zeitpläne gesteckt haben.

Wenn der Wind des Wandels weht sollte man anfangen Vorbild zu sein, und Windmühlen zu bauen.

QUELLEN

Literatur

- Gasch, Bade (2005). *Windkraftanlagen*
- Heymann (1995). *Die Geschichte der Windenergienutzung 1890-1990*
- Manwell, McGowan, Rogers (2006). *Wind energy explained – Theory, design and Application*
- Schulenberg, Zietsch, Oberholzer (2004). *Herausforderung Windenergie*
- Tacke (2004). *Windenergie- die Herausforderung*

Internet

- http://www.wind-energie.de (Zugriff: 10.11.2006)
- http://de.wikipedia.de (Zugriff: 10.11.2006)
- http://www.erneuerbare-energien.de (Zugriff: 10.11.2006)
- http://www.boxer99.de/windkraft (Zugriff: 10.11.2006)
- http://www.windinformation.de (Zugriff: 10.11.2006)
- http:// www.wwindea.org (Zugriff: 10.11.2006)
- http://www.renewables2004.de (Zugriff: 10.11.2006)